COUP-D'OEIL

SUR

L'AGRICULTURE.

COUP-D'OEIL

SUR

L'AGRICULTURE,

CONSIDÉRÉE SOUS SES RAPPORTS

AVEC LA POLITIQUE ET L'ÉTAT DES ESPRITS,

SUIVI DU MODE DE CULTURE PARTICULIÈRE
AU SOL DES ENVIRONS DE PARIS;

PAR M. GUYON DE SAULIEU,

CORRESPONDANT DE LA SOCIÉTÉ D'AGRICULTURE
DE SEINE-ET-OISE.

A PARIS,

Chez { COLNET, Libraire, quai Malaquais, n. 9.
DELAUNAY, Palais-Royal, galeries de
bois, n. 243.

1818.

IMPRIMERIE DE LEBÉGUE,
RUE DES RATS, N° 14, PRÈS LA PLACE MAUBERT.

COUP-D'OEIL

SUR

L'AGRICULTURE,

CONSIDÉRÉE SOUS SES RAPPORTS

AVEC LA POLITIQUE ET L'ÉTAT ACTUEL DES ESPRITS,

SUIVI DU MODE DE CULTURE PARTICULIÈRE

AU SOL DES ENVIRONS DE PARIS.

L'AGRICULTURE nous offre trois avantages notables qu'il est urgent de saisir : *la richesse, l'ordre* et *les mœurs* de nos pères ; les trois véritables colonnes de la civilisation, les seuls moyens de bonheur et d'harmonie que l'Eternel ait mis à portée de l'espèce humaine.

La France, plus favorablement dotée sous ce rapport qu'aucune autre partie dé l'Europe, a jusqu'ici joui de ce privilége sans le contempler : le consommateur savoure les alimens *spiritualisés* que lui donne sa terre natale, et ne la bénit jamais de l'ivresse et de l'essor qu'il lui doit. Rarement l'esprit accompagne le bras qui dirige le soc : on ouvre le sol sans en étudier la qualité, sans savoir pourquoi on change la surface des sillons, l'on sème là où on a toujours semé, l'on recolte enfin sans remonter à la cause de la prospérité ou de la médiocrité des moissons. L'on se fait un point de tranquillité de ce que le malheur n'est jamais général ; l'espérance des années suivantes console le cultivateur pour cette fois malheureux, et depuis le siècle où Pline fit retentir sa douleur sur l'état de l'agriculture abandonnée à des mains mercenaires, et qu'il crut voir la terre se venger de cet affront, le premier art du monde est resté endormi sur de molles pensées, laissant le gouvernement nourricier de Cérès à des routines parfois très-louables, mais de beaucoup insuffisantes.

Vous l'avez appris, peuple si long-temps fortuné, la nature, offensée que l'on dédaignât ses plus magnifiques présens, vous a refusé l'une de ses plus utiles saisons, a imprégné vos grains et vos fruits d'une froide et malfaisante liqueur qui vous fit, pour ainsi dire, regretter une disette totale : la Providence, qui avait médité ce fléau, qui l'avait fait concourir avec celui de la guerre, vous a fait comprendre, après trente ans de clémence et de lassitude, que la politique des particuliers amène la décadence des nations, et que quiconque veut raisonner et vivre contre l'ordre éternel, tombe dans la nécessité de disputer à la brute ses grossiers alimens.

Vous l'avez vu, hommes naguère puissans, qui avez refusé de riches améliorations, durant votre pouvoir, il a fallu, qu'au lieu de fournir notre superflu au banquet des nations étrangères, vous payassiez, pour vous faire ouvrir leurs greniers, des tributs qui grossirent d'autres énormes tributs, plutôt imposés pour punir la félonie des ennemis intérieurs de la France, que pour grossir les trésors des souverains arbitres qui sont venus pour préserver le monde de notre révolution.

Serait-il possible que l'on dédaignât encore désormais les moyens de réparer tant de maux, et de les prévenir à perpétuité ; de faire cesser les dissentions politiques, de rallier tous les

Français à la même cause, au même point d'honneur et de prospérité?

Nous possédons la science éparse de l'agriculture dans les principes des anciens, dans les
lumières et les expériences modernes; il ne s'agit
que d'en faire un corps et le composer de toutes
ces parties organiques dont ne sont pas exclues
beaucoup de routines qu'en général nous devons
aux longues et judicieuses remarques de nos pères. Cette organisation peut, pour ainsi dire,
être aussi rapide que la volonté, et recevoir le
mouvement d'une sublime disposition émanée
de la puissance.

S'il s'agissait d'un plan de finance pour libérer et enrichir l'État avec *de l'or végétal*, moyen
ordinaire de ces productions pompeuses, je me
garderais bien d'insulter à la raison, à la crise de
l'Etat et des particuliers par la publication d'un
système insensé; je présente au contraire une
majeure partie de la création, encore comblée
de ses premiers trésors, et je demande avec ins-
tances qu'ils soyent reçus aussi abondamment
qu'ils sont offerts, distribués dans les coffres du
Roi et dans les mains des citoyens laborieux, qui
apprendront à préférer la paix des champs au
tumulte des passions, et les jouissances perpé-

tuelles de riches et nouvelles récoltes, à la mo-
bilité des places, à la vanité des faveurs.

Qu'est-ce qui a fait déserter les campagnes
pour peupler les cités outre proportion ? C'est
l'état d'humiliation du laboureur, réduit à pro-
fesser un aveugle et grossier mécanisme : l'amour
propre blessé faisait abandonner ces travaux
mercénaires et pénibles, et les jeunes gens qui
auraient été les plus capables d'en récupérer la
noblesse et d'en étendre les progrès, allaient
dans les villes perfectionner des branches de
frivolités, solliciter des honneurs auxquels on
parvenait rarement avec son innocence, ou bien
un genre de servitude, où la paresse et son funeste cortége flétrissaient l'ame, étouffaient le
goût du travail et le germe des qualités utiles.

Cet écueil se plaisait dans l'antichambre des
parvenus et des femmes galantes ; mais de tout
temps ces deux classes ont eu des légions à leurs
services, c'était deux immenses foyers de corruption, qui ont gagné tout l'espace de la do-
mesticité depuis la suppression des grandes mai-
sons, où les devoirs des serviteurs comprenaient
les pratiques religieuses, la circonspection, la
décence et la régularité des mœurs. Ici se liait
la simplicité des champs à la culture des prin-

cipes, à l'exemple de l'honneur ; là se ralliaient dans le même individu et la grossièreté des chaumières et le raffinement des vices. Voyez le chemin qu'ont fait depuis trente ans et sous les auspices de la révolution, ces élèves de nos anciens Sybarites et de nos vieilles Laïs ; ils ordonnent quelque part, tandis que les serviteurs courbés de nos anciens seigneurs n'ont dans leur misère qu'une seule consolation, bien sublime à la vérité, celle d'aller prier dans les temples et d'espérer la récompense promise au juste.

Je viens d'établir une distinction qui n'est pas sans intérêt dans notre position actuelle ; tant pis pour ceux qui n'y verront pas uniquement une remarque utile et qui y trouveront une atteinte : toutefois ils ne pourront se plaindre sans s'accuser.

J'userai en tout de la même franchise, croyant que ménager le vice et l'erreur, c'est contribuer au désordre.

Qu'on n'attende pas de moi, par conséquent, ni de ces ménagemens pusillanimes qui, depuis trois ans, substituent la vanité et l'insolence au repentir, ni de ces atroces lâchetés qui, depuis bien plus long-temps, poursuivent la fidélité, la naissance et le malheur ; on ne m'entendra pas non plus déclamer contre les fatalités du désordre, ni contre les enthousiastes qui en ont attendu des réformes utiles, ni contre cette génération, maintenant parvenue à sa maturité, qui, en ouvrant les yeux au monde, a vu des comités de gouvernement, un directoire, un consulat, et qui, dans l'âge de suivre une vocation, a consacré sa valeur aux triomphes du despotisme.

Je ferai au contraire des exceptions pour accomplir le vœu de la justice, et pour la faire comprendre à tous ceux qui l'aiment, et qui ne pourraient jamais la définir dans le chaos des dénominations arbitraires qui laissent subsister des rivalités sans partis, des haines et des craintes sans motifs.

Je jeterai un coup-d'œil sur la révolution, sur les causes qui l'ont portée au-delà des points où les premiers moteurs avaient eu le projet de l'arrêter ; je trouverai dans ces causes celles qui la prolongent sous la légitimité ; j'y trouverai aussi un effrayant présage de ce qu'il nous reste à craindre de ce désordre que l'on feint de considérer comme le contre-poids du royalisme outré.

J'arriverai de là au point juste d'où chacun pourra se reconnaître et se juger soi-même, distinguer la grande majorité qui veut être libre selon la Charte, d'avec la petite, mais dangereuse minorité qui veut être libre sans la Charte et sans la Monarchie, ou dominer à l'aide d'un sceptre dont tout le monde, excepté les sectaires, maudit et le poids et les faveurs.

Alors je me trouverai placé près des moyens de la concorde tant recommandée, et toujours bannie.

L'on se convaincra qu'il ne suffit pas de dire au peuple, troublé par des dissentions aussi violentes : *soyez unis.* Qu'il faut le conduire à ce grand résultat, par un intérêt important et commun, et l'y maintenir par les attraits d'une justice exacte.

Dites donc à l'homme dépouillé que l'homme enrichi de ses dépouilles le pardonne ; dites à l'homme jadis puissant, que son vassal, récemment privé d'une grande autorité, veut bien être son égal, moyennant qu'il conservera la prééminence des richesses, dites à celui qui a perdu jeunesse, santé et patrimoine dans les cachots, que son persécuteur consent à oublier le passé, et vous verrez quel volcan s'élancera de ces douces exhortations !

Telles sont les ouvertures de paix qui se font parmi nous, sinon dans les mêmes termes, au moins dans le même sens; on demande à celui qui souffre le sacrifice de ses regrets pour le maintien de leurs causes et de ses douleurs......!

Je reviendrai naturellement à ce grand objet, d'où dépendent les destinées de la France, après avoir parcouru la révolution depuis ses présages jusqu'à ce moment où elle gronde encore, mais sourdement, autour de nous.

De la Révolution.

Nous ne pouvons nous dissimuler que les ducs et pairs de la littérature ne voulussent devenir les ducs et pairs de France, et que quelques-uns d'eux ne crussent la couronne qu'ils avaient reçue de l'illustre compagnie, au moins égale à la couronne royale, non dans le fait, mais dans le droit.

Pour conquérir le fait, ils publièrent de brillantes erreurs, et comme la religion est le plus puissant maintien de l'ordre et des trônes, ils firent contre le christianisme une levée de bou-

cliers; ils eurent des lieutenans dans les écrivains médiocres, des soldats dans les fainéans,
dans les gens méprisés et corrompus, dans les
hommes insolvables de tous les rangs et de toutes les classes.

Voilà l'armée de la *nature brute* sous les ar-
mes; chacun des partisans avait été charmé
d'entrevoir qu'il n'aurait rien à démêler avec
le ciel, et que, par un des effets de l'égalité, il
serait traité comme le juste par les lois de la
terre.

Les chefs auraient été baffoués, si, au lieu de
les réfuter sérieusement, on se fût moqué de
leur chevalerie sauvage; les subalternes se seraient retirés en voyant leurs *dom Quichotte*
tomber dans des scènes ridicules, et les soldats
auraient encore une fois vu le paradis faire leur
désespoir, les codes leur épouvante, et le mépris les rendre nuls dans leur obscurité.

Mais on leur a accordé l'honneur des discussions sérieuses, on a par là donné de la consistance à leurs absurdités et à leur secte. Sans le
vouloir, les hommes d'État les mieux pensant
ont produit des systèmes favorables à l'ennemi;
érigeant par exemple en maxime que la seule
répartition exacte des charges consistait dans la

(11)

contribution exclusive des propriétés végétales ;
oubliant ainsi que l'industrie, la seule richesse
des cités, produisait sinon des valeurs de nature
à satisfaire nos besoins, au moins une valeur
représentative suffisante pour pourvoir même à
nos fantaisies.

Il était facile, avec de pareilles théories, d'al-
lumer généralement le désir de les voir réaliser :
c'était tomber à boulets rouges sur les grands propriétaires, anéantir les priviléges les plus légitimes et affranchir de tout tribut l'artiste, le
fabricant, le marchand, le banquier, et toute
espèce de profession productive.

Le véritable homme d'Etat, le philosophe,
avide de vérités, aurait considéré le système
sous ses différens points de vue. Il n'aurait pas
été long-temps à s'apercevoir que ces grands
payaient de fortes et nobles contributions ; que,
d'une part, les privilégiés défendaient l'Etat à
leurs dépens, distribuaient la justice à leurs
frais, et que le luxe de leur représentation obligée alimentait seule l'industrie, multipliait à
l'infini les canaux du commerce, et qu'enfin
l'extension de l'impôt aux franchises ruinerait
les villes et supprimerait la circulation du numéraire.

Ce malheureux plan a été suivi, ses désastreux effets subsistent, les professions languissent, le peuple manque d'ouvrage et de pain.

Ce n'est pas que les propriétés soient restreintes, c'est que les grands propriétaires économisent d'ailleurs pour compenser ce qu'ils payent à l'Etat, et qu'ils sont affranchis de toutes représentations ; c'est que, d'un autre côté, l'Etat, chargé de salarier les cultes, la magistrature, et de pourvoir à la totalité des besoins des officiers de toutes dignités et de tous grades, et de tous les fonctionnaires, en général sans patrimoine, ne peut faire refluer le numéraire par de justes récompenses, dont résulteraient l'équilibre des besoins et des moyens.

On ne peut remédier à ce funeste inconvénient qu'en trouvant le secret, qui n'est pas introuvable, d'en faire une nouvelle source de prospérité publique.

Ce qu'il y eut de plaisant dans la doctrine et les bévues des économistes, c'est que ce sont eux-mêmes qui, devenus les grands propriétaires et les restaurateurs de leurs méprises, ont rétabli avec d'énormes extensions les contributions indirectes sous de nouvelles dénominations, telles que *droits réunis*, de *timbre*, etc., et que, n'ayant pas assez de matériaux dans les débris de notre ancien fisc, pour affranchir au moins en partie leurs domaines, ils ont été chercher chez nos voisins des contributions inouies parmi nous. Nous avons donc vu ceux-là qui s'étaient si philanthropiquement attendris en faveur de l'industrie, l'accabler de surcroît d'impôts ; ceux-là qui ne voyaient de richesses que dans les propriétés végétales faire contribuer les pierres, les portes et les fenêtres de nos édifices.

Par une conséquence du système territorial, l'égalité politique devait suivre de près l'abolition des priviléges ; nos *instituteurs* politiques trouvèrent facilement un précepte dans l'uniformité relative à l'espèce humaine, par rapport à sa conformation ; ils oublièrent que l'uniformité destinée à perpétuer notre espèce, ne pourrait s'étendre au corps social sans le désorganiser et le dissoudre.

Je ne sais plus quel bel esprit du siècle *produisit une espèce d'idée bizarre et vide de sens,* qui devint une bonne fortune pour les singes et les perroquets philosophes. *Le hasard de la naissance* fut proclamé comme une puissante découverte contre les distinctions ; c'était un hasard d'être du sang de son père, l'héritier de son rang et de ses devoirs : le grand seigneur aurait pu naître par hasard le fils d'un pâtre ; par la même raison le rejeton du chêne pouvait être une épine et végéter dans la boue des champs, tandis que l'arbre roi, dont elle était issue, dominerait orgueilleusement la forêt voisine. A moins que ces *cas fortuits* ne fussent une allusion prophétique aux grands, aux princes, aux potentats, dont venaient d'accoucher nos roturiers, il faut regarder le hasard de la naissance comme le plus impertinent néologisme du dix-huitième siècle.

Ce sont encore eux (les apôtres de la nature qui avaient le plus hautement célébré de pareils absurdités pour niveler le monde social), qui eurent le plus de cordons, et qui les étalèrent avec le plus d'ostentation et de vanité, quelque temps après avoir fait perdre le droit aux vieux et respectables soutiens de l'Etat de porter les marques distinctives de leurs services et de leurs naissances.

Si, l'orsqu'il s'agissait encore de prévenir ces métamorphoses qui ont coûté tant de sang et de larmes, le fameux ministre, devenu le chef tout-puissant des réformateurs, avait dit au Roi qu'il y avait dans le sein de la terre un plan de finance inépuisable , un moyen très-surabondant de combler le déficit, ce ministre n'aurait pas eu besoin de rendre des comptes au moins indiscrets pour se populariser, ni de conseiller une armée prise dans le tiers-état pour soumettre les deux ordres supérieurs; toutefois s'il était dès-lors décrété dans le ciel qu'il viendrait des législateurs appelés pour régler le sort des finances, et qui ne s'occuperaient pas des finances, mais de droits de l'homme, sans restriction et sans frein. Dans une circonstance aussi inexplicable, le génie de l'égalité se serait plus salutairement déployé en supprimant la roture au lieu de la noblesse; on ne peut calculer ce que la France y aurait gagné en dignité, en sentimens, en *générosité*, qu'en appréciant ce qu'elle a perdu, sous ces deux rapports, par un coup d'autorité qui nous fit perdre la civilisation de neuf siècles.

Croit-on que le gentilhomme agreste serait descendu du mont qu'il avait trouvé chauve, et qu'il voyait déjà couronné de ses mains, fût descendu, dis-je, pour lire les discours de nos orateurs? Croit-on que celui qui aurait découvert les principes d'une prairie artificielle sur le flanc d'une montagne, eût quitté son instrument aratoire régénéré, pour aller crier contre la noblesse dans la plaine ?

Certes chacun serait resté à ses guérets, à ses nouvelles prospérités, et sur tout à ses mœurs; dans les villes, l'artisan aurait travaillé paisiblement pour son camarade *de qualité*, au lieu de se glisser dans les comités révolutionnaires pour le faire arrêter etc.....

Les profits de l'agriculture auraient attaché l'homme des champs à ses travaux, et la noblesse universelle aurait suffi pour satisfaire l'amour de l'égalité.

Qu'on me pardonne de suivre la dissolution qui résulta de l'absence des deux moyens conservateurs qui ont été négligés : il faut que j'indique la position où nous sommes, par les catastrophes qui nous y ont placés, et que je signale les désordres que veulent reproduire les malveillans, par les symptômes des désodres que nous déplorons : ce n'est, je pense, qu'en faisant connaître les présages des mêmes périls, qu'on peut les éviter.

De tous les moyens de la révolution, l'un des plus puissans fut de s'emparer des rivalités qui éclataient dans les deux premiers ordres de l'Etat, et du désir respectif dont ils brûlaient de s'abaisser et s'affaiblir chacun pour prédominer. Depuis long-temps il régnait d'ailleurs une lutte entre la robe et l'épée, et l'on sut encore profiter des atteintes que ces deux classes de la noblesse s'étaient portées, pour maintenir leur ébranlement, en attendant qu'on les renversât avec violence.

Plus ils s'étaient livrés, moins on fut généreux. Lorsque le moment fatal arriva, on dépouilla les corps et les membres du clergé des biens dont ils n'étaient à la vérité qu'usufruitiers, et le jour des trépassés on les réduisit sans asile : s'ils ne furent pas mis rigoureusement au régime des morts, ils tombèrent totalement dans la tombe politique; et si quelques orateurs élevèrent encore la voix pour quelques réclamations, ce ne fut qu'avec l'accent du deuil, qui ne servit jamais qu'à retracer l'anéantissement de l'ordre.

On risqua d'autant moins d'abolir les priviléges, et jusqu'aux prestations dont la nature attestait une cause réelle et un contrat synallagmatique, que cette mesure, comme la première, portait l'allégresse dans les champs et dans les chaumières, et que plus on semblait donner à l'Etat, plus les rentiers pensaient leurs droits assurés.

Après avoir placé ces deux classes, l'une au sein de ses récoltes, et l'autre dans une sécurité dont l'écueil lui était inconnu, on eut pour partisans les deux tiers de la France ; on put tout faire, et l'on fit tout.

Les droits de l'homme existaient ; ils avaient quelque magie pour les gens simples, et renfermaient des torches pour les méchans ; ils étaient en grande partie émanés d'un prêtre qui n'aspirait qu'au moment de saccager toute la civilisation, parce que son évêque, persévérant dans sa justice, et suivant en tout sa conscience, avait toujours refusé à l'atroce abbé la dignité de vicaire-général qu'il ne s'était pas lassé de solliciter.

Aussi les droits de l'homme avaient-ils un sens caché qui en cela seulement les rapprochaient des paraboles ; « *les hommes naissent et meurent égaux en droits* » était un article très-libéral, mais qui semblait le texte d'une loi agraire : il plut beaucoup aux gens ruinés et à tous les mauvais sujets. Cette loi fut portée, mais sous une autre forme, dans la création du papier-monnaie, notamment garanti par les biens du clergé, et les rentiers qui en vécurent uniquement, moururent d'inanition. On vit donc les richesses

(19)

qui avaient produit d'imposans embonpoints, ne faire plus que des étiques.

Cependant l'assemblée constituante, si féconde en orateurs éloquens, et l'on peut dire en grands hommes, malheureusement pour la plupart enivrés des prodiges de leurs réformes, avait sur le chantier une constitution dont chacun attendait avec confiance les immenses bienfaits : on disait à tous ceux des Français déjà mis à la diette, que la félicité publique et le bonheur des particuliers sortiraient incessamment de la nouvelle boîte de Pandore sans aucun mélange de mal.

Ceux qui avaient le sens commun et qui croyaient, au contraire, qu'elle renfermait plus de mal que de bien, furent traités de *royalistes*, d'*aristocrates* ; ces dénominations sont précieuses aujourd'hui pour servir de points de comparaisons.

Il faut être juste, notre célèbre assemblée eut de bonnes intentions : on ne peut lui reprocher aujourd'hui d'avoir constitué un Roi sans sceptre et un peuple sans frein : elle croyait pouvoir rapprocher ces deux extrêmes, lorsqu'elle n'aurait plus besoin ni de la nullité du trône, ni de la licence de la nation ; mais on peut mettre à profit l'impuissance où elle tomba, d'opérer cette importante rectification.

La constitution fut enfin proclamée : les besoins, plus que l'esprit commençaient à la juger, mais il était un point de culte politique qu'il fallut encore observer pendant quelques mois; les enthousiastes et les conspirateurs voulurent absolument qu'on l'adorât en silence ; ceux-ci feignirent de la respecter plus que personne, mais ils dénigraient les constituans, ils les accusaient d'avoir servi le despotisme par lâcheté et par corruption ; par-là ils portaient atteinte au simulacre de la puissance royale, au ministère, et à la cour entière; l'humeur du peuple se formait sur les impostures des jongleurs : enfin arriva l'époque, où la multitude avait encore la bouche béante, pour achever le cri de vive la constitution, lorsqu'on lui annonça solennellement qu'elle venait d'être brisée comme un instrument de tyrannie.

On saura éternellement qu'elle en fut la catastrophe.

Pour l'utilité de cet écrit, je n'ai à faire que deux remarques principales, qui s'appliquent particulièrement aux circonstances actuelles. La première, que les révolutionnaires les plus in-

génieux et les mieux intentionnés ne peuvent
pas arrêter un pareil torrent, ni pour leur
propre sûreté, ni pour le maintien de l'ordre ;
la seconde qu'on ne peut jamais rompre l'an-
neau principal de la civilisation, sans commen-
cer une dissolution inévitable et générale.

Témoin la France, lorsqu'elle devint de point
en point une affreuse masure, où l'on vit régner
de monstrueux reptiles avides du sang humain,
se dévorant entre eux, après avoir épuisé les
Royalistes, les *Aristocrates*, les *Constituans*,
les *Fédéralistes*, et les *Modérés.*

N'oublions jamais qu'après avoir renversé les
institutions par la constitution, et auparavant
les Royalistes constituans, par les moyens que
ceux-ci avaient employés pour renverser ou
pour affaiblir les autorités qui les importunaient,
n'oublions pas, dans ce moment, où les destinées de la France sont placées entre les mains
des Royalistes, quels qu'ils soient, que les ennemis d'abord déguisés de la monarchie, par-
vinrent aux grands attentats par des mots, se
maintinrent plusieurs années par le prestige de
mots, présentant tour-à-tour des fantômes à la
peur et des monstres au courage ; qu'enfin ils

arrivèrent au pouvoir, à l'aide de la torpeur des uns et de la valeur des autres.

Franchissons l'espace ; à partir du moment où les excès de la licence furent tout-à-coup arrêtés dans leur cours par le poids du despotisme, jusqu'à l'époque marquée par la Providence pour la réprobation de toutes les dominations odieuses.

L'allégresse universelle du public apprit bientôt aux Bourbons combien nous avions gémi sur leur absence ; il n'y eut pas un seul individu qui ne trouvât clémence et sécurité dans la Charte que nous donna le Monarque.

Cependant personne, parmi les observateurs, ne fut étonné de voir l'audace naître du pardon ; il était dans l'esprit et dans l'expérience des amnistiés et des hommes qui avaient à regretter de grands honneurs (faux, il est vrai, mais conformes à leur genre d'orgueil,) de profiter de ces symptômes pour ressaisir le pouvoir. Leur premier moyen fut de répandre des émissaires qui se disaient, les uns des seigneurs émigrés, allant à tel point de la France reprendre possessions de leurs droits féodaux, et les autres des ecclésiastiques envoyés par la Cour à leurs

anciens bénéfices, pour en faire restituer les domaines. Dans le cours de leur mission, ces faux
seigneurs, ces faux prélats avaient établi un
alarmiste de leur secte au moins dans chaque
village, pour dire aux propriétaires et aux acquéreurs de biens nationaux qu'ils tenaient de
bonne source que ceux-ci allaient être dépouil-
lés de leurs acquisitions, et ceux-là grevés de la
dîme par une loi clandestine.

On a vu quel fut l'affreux résultat de ce stra-
tagème renouvelé de la révolution ; la peur a
fait des rebelles à la légitimité et des partisans
au fléau qu'ils avaient maudit.

Que le peuple ait toujours présent les maux
qu'a produit cette imposture dont il a été la
dupe : il n'aurait jamais payé et ne payera jamais ni dîme ni prestation féodale ; les biens
nationaux resteront irrévocablement en la pos-
session des acquéreurs ; la peur d'un mal impossible, les a portés à seconder un attentat qui
a attiré sur les propriétaires des charges inouies
dont les fauteurs ne payent que leur cotte-part,
parce qu'ils sont, comme tout le monde, sous les
auspices de la Charte !

La conséquence à tirer de ce généreux respect pour la loi de l'Etat, est que, dans aucun

cas, elle ne sera violée : le Roi ne pourra jamais trouver l'occasion d'en donner une aussi forte garantie, et parce qu'il l'a donnée environné du silence et de la résignation des courtisans, il est démontré que personne d'entre eux ne cherche à influencer les résolutions du Monarque.

Par toutes nos épreuves nous savons où nous sommes, quels sont nos amis et nos ennemis, et à quels signes reconnaître et le vrai royalisme et les mauvais présages.

Dix millions de propriétaires, la plupart cultivateurs, se plaisent dans leur ancienne obéissance et bénissent la Charte.

Cinq millions de royalistes instruits, animés de divers souvenirs, mais attachés à la monarchie par une religion commune, marchent au même but par des moyens différens.

Huit millions d'artisans dont le tiers manque par fois de travail, règlent leur opinion sur le sort de leurs journées ; la veille des bénédictions, le lendemain des murmures, mais jamais aucune idée d'entreprise contre l'ordre public n'occupe leur esprit.

Excepté un million d'individus, la France est mue par le même esprit qu'anciennement ;

mais on ne s'entend pas comme par le passé, et, pour ne pas traduire nos desseins dans la même langue politique, il en résulte des partis qui se croyent en présence, et des discordes d'autant plus opiniâtres, qu'elles s'irritent dans le vague des motifs.

Ils ont tort de s'entre-soupçonner : tous n'ont à craindre que le million de mauvais sujets disséminés en France : cette proportion exista toujours, à cette différence près, qu'autrefois les perturbateurs, les méchans et les malfaiteurs étaient isolés ou en petites bandes, et punis sans miséricorde, selon le genre des actions qu'ils commettaient ; qu'ils n'attentaient qu'à la tranquilité des familles, qu'aux droits et qu'aux personnes des particuliers ; que la vigilance publique et le pouvoir répressif arrêtaient le cours des délits et des forfaits avec assez de sévérité pour comprimer ou du moins intimider le crime, qui enfin n'était jamais ni équivoque, ni excusable.

Tandis qu'aujourd'hui les mauvais sujets qui ne suivent pas comme un certain nombre d'entre eux la carrière du brigandage et de l'assassinat ont une confrérie centrale, déguisent les plus mauvais desseins sous prétexte d'amour du bien public, visent à d'universels désordres, et conspirent contre le chef suprême et les lois de l'État en criant : *vive le Roi, vive là Charte.*

Dans ce million, il s'en trouve environ cent mille qui seraient restés hommes de bien, qui n'ont embrassé le désordre que par ambition ou par égarement d'esprit ; mais qui se sont inductifiés avec les systèmes subversifs, les idées outrées et sauvages, et qui ne perdent jamais l'espérance, non de recouvrer des institutions analogues à leur goût, mais la liberté de dominer sans règle ni mesure. Moins abominables que les malfaiteurs, ils ont les mêmes projets.

Si l'on me demande à quel signe reconnaître les ennemis de la légitimité, je ne serai embarrassé que sur le choix des mots de ralliement.

Vous les entendez crier contre les royalistes comme les éternels ennemis des idées libérales, avec autant d'impudence que si le Roi et la famille royale étaient encore incertains de leurs antiques droits, sur une terre étrangère, et qu'ils ne pussent nous protéger. Vous les entendez dire avec emphase qu'il ne *faut pas être plus royaliste que le Roi*; ce qui n'est littéralement qu'une niaiserie de *Jocrisse*, a, dans l'argot révolutionnaire, un sens très-prononcé ; ce néo-

logisme antifrançais , signifie en baragouin bar-
bare , *qu'il faut étre aussi démagogue que le
père Duchesne.*

Appartient-il donc à ceux qui ont idolâtré la
grosse déesse dont chaque mamelle avait coûté
trois quintaux d'argile, à ceux qui auraient
envoyé à l'échafaud le bon homme illettré qui
leur aurait dit : « *qu'il ne fallait pas être plus*
« *libre que la liberté*, » de régler nos affections
pour le Roi et d'en donner la mesure dans un
plat jeu de mots ?

Qu'ils apprennent et que tout le monde sa-
che que le royalisme est un culte que chacun
rend avec plus ou moins de ferveur , suivant la
trempe des ames ; que le Roi ne peut pas plus
être royaliste, que Dieu n'est déiste ; et qu'en
tournant en dérision l'amour de ses peuples ,
on ôte à la monarchie sa plus puissante colonne ;
les modérateurs de notre affection et de notre
dévouement , savent bien ce qu'en cela ils peuvent enlever au trône , comme ils savaient par-
faitement, en 1793, que le mot égalité était une
imposture, et la chose un sceptre pour eux ;
mais on ne peut trop répéter aux gens simples
et bien intentionnés, que c'est pour atteindre la
personne sacrée du Roi , que les conjurés osent

emprunter ses vertus royales pour condamner notre piété et notre patriotisme.

Le trône est l'antique héritage de premiers fils de France; l'auguste héritier couronné peut user de sa puissance comme il lui plaît, en tout ce qui concerne l'exercice de ses pouvoirs; mais le Roi ne peut supprimer notre ardent respect, ni notre sollicitude réveillée; car le droit d'obéir aux Bourbons est aussi notre antique héritage, et nous n'avons plus besoin d'être avertis par notre fierté que nous ne pouvons obéir à d'autres races, sans nous dégrader et tomber dans l'esclavage.

C'est donc une prérogative que nous défendons, en défendant le Monarque; nous nous serrons autour du trône, de peur de retomber dans les cachots; quelle juste puissance pourrait nous prescrire de nous avilir et de laisser creuser le précipice sous nos pas? L'ennemi suppose que le Roi le veut; vengeons notre auguste père de cette impiété, en redoublant d'effusion et d'inquiétude.

Non, Louis XVIII ne veut pas nous empêcher de l'aimer à notre manière; nous l'aimons pour lui-même, parce qu'il a les les vertus, les lumières et les intentions d'un bon Roi, nous

l'aimons parce qu'il est le petit-fils d'Henri IV
et de Louis XIV, qui a doté la France de la
plus noble urbanité et d'une gloire inpérissable
qui ranime toutes les autres gloires acquises
aux Français, et les fait rayonner sur les revers
qui appartiennent aux aventuriers : enfin nous
aimons les lys parce que, *sous cet emblême
seul nous pouvons triompher sans regrets.*

Il me serait pénible de penser avoir blessé un
seul Français, digne du régime de la légitimité,
en signalant les cris d'incorrigibles conspirateurs, et en épanchant avec abandon des sentimens qui furent si long-temps comprimés et si
souvent punis ; toutefois je ne regretterais pas
ma naïve loyauté ; le ressentiment de quelques
individus ne pourrait entrer en comparaison
avec le salut de la France : je continue.

Je continue sur une matière délicate, mais
plus tranquillisante : je veux parler de la réu-
nion de quinze millions de Français qui forment
la population raisonnable du royaume, et dont
une partie ne croit pas être d'accord. Cette
masse imposante, composée de l'ancienne et de
la nouvelle noblesse, des anciens et des nouveaux royalistes, des propriétaires et des cultivateurs qui tiennent tous à la légitimité, par

principe, par probité, par honneur, et non par systèmes.

Je ne ferai pas remarquer dans chacune des classes que je parcourrai, le nombre plus ou moins grand des individus méprisables qu'elle a produits ; examen fait, le plus rigoureux calculateur trouvera qu'en cela la proportion est gardée.

Ainsi je préviens les reproches que les deux divisions de la noblesse pourraient s'adresser pour s'humilier respectivement.

De l'ancienne et de la nouvelle Noblesses.

Il n'est que trop vrai qu'entre les deux noblesses il existe des prétentions rivales : l'ancienne se place avant la nouvelle par droit de primogéniture ; la nouvelle se place au-dessus de l'ancienne par droit *d'oligarchie* ; l'une suit l'ordre des siècles et de la Charte, et l'autre se prévaut de son crédit et de ses richesses, matières à discussions et dénigrement ; rendons justice à chacune des classes, pour rapprocher tous les esprits.

L'ancienne illustration a dans l'histoire une arche sacrée qui la transmettra à nos plus arrières neveux, ainsi que les noms fameux que des services éminens ont consacrés dans les derniers comme dans les premiers âges de la monarchie : ce sont là des monumens que ne peuvent renverser ni les malheurs des titulaires, ni la vanité blessée, ni même la calomnie. Quel but pourraient atteindre ceux qui hasarderaient quelque dédain contraire à l'inévitable vénération de la postérité? Il faut donc souffrir cet éclat, pour ne pas tomber dans une espèce de sacrilége inutile.

Si tous les gentilshommes français ne sont pas placés sous de si majestueux auspices, toujours est-il vrai que la majeure partie de ces familles qui ont bien servi l'Etat, soit dans les camps, soit dans la magistrature ou autrement, ont à invoquer des époques, des titres ou des traditions. En est-il même une qui n'en ait de perpétuellement ineffaçables dans les archives où sont déposés les arrêts homicides qui ont fait si inhumainement et tant de fois retentir la France esclave des cris de vive la nation !

Il faut donc abjurer, et la raison le veut impérieusement, cette fantaisie d'évincer l'ancienne noblesse de son rang et de lui disputer la portion de génie et de mérite dont elle est douée, et qui est un des plus solides apanages de l'Etat.

Que chaque famille jouisse donc de l'éléva-tion qui lui appartient et que lui conservera, malgré toute espèce d'opposition, l'opinion pu-blique héréditaire. Que le pouvoir et les places deviennent pour ceux de ses membres qui ont du mérite et des vertus, une justice dont le trône et le peuple soient également satisfaits.

Au moins de cette manière on ne verrait plus à l'ombre du trône, courbés sous l'humiliation et le malheur, les mêmes hommes qui ont été la proie des confiscations et de la terreur, les objets de la vexation directoriale, de la fureur d'un homme qui brûlait de faire disparaître l'ab-jection de sa naissance par la splendeur de ses grands commensaux, et qui se vengeait tôt ou tard du refus d'un *illustre fidèle* de paraître ou-blier son Roi. Quel est donc l'homme de bien qui ne se sente accablé d'un poids insupportable, en voyant toujours les mêmes victimes, réprouvées dans les temps de désordres, parce qu'ells avaient occupé les premiers rangs de l'ordre hyérar-chique; réprouvées au sein des élémens de l'or-dre, parce qu'elles sont encore les premières co-lonnes de la monarchie légitime, l'antique sanc-tuaire de tous les droits et de toutes les libertés, de toutes leurs prérogatives ; il ne leur resté plus que d'être les premières sentinelles du trône ; qui donc peut les faire tenir éloignés de ce devoir, sans se proclamer l'ennemi des Bourbons et de la France ?

Ce n'est pas la nouvelle noblesse qui a fermé la source de la justice et des grâces à l'ancienne, ce sont les conjurés qui resteront toujours conjurés, et qui jettent hypocritement dans les esprits l'idée que les grands et gentilshommes recouvreraient leurs prestations féodales et leurs priviléges anciens, s'ils partageaient l'autorité et les places.

Parmi la nouvelle noblesse et parmi les nouveaux royalistes, il en est bien un certain nombre qui nourrissent les mêmes craintes, parce qu'elles leur ont été suggérées, mais c'est parce qu'ils n'ont pas aperçu l'impossibilité du rétablissement de ces droits, qu'ils restent dans l'erreur : cependant les fantômes se multiplient, la peur se propage, et la paternité du Roi, qui embrasse le peuple en entier et sans distinction, l'oblige à suspendre une partie de sa justice pour la sécurité qui pourtant n'est troublée que par les fables hardies que font circuler les fourbes artificieux.

Si la nouvelle noblesse est obligée de reconnaître la splendeur de l'ancienne, celle-ci ne peut refuser à celle-là de grands droits à la considération publique et à la confiance du monarque.

De grands capitaines ont conquis une illustration dont la cause ne peut s'éloigner du siècle sans perdre de son éclat ; leurs compagnons, moins élevés en dignité, ont retracé avec honneur pendant vingt ans de périls et de souffrances la noble valeur française, et nous devons à toutes nos phalanges le miraculeux avantage de voir notre patrie intacte dans ses anciennes limites. Tous ceux qui ont reçu la noblesse pour récompense d'un aussi prodigieux service, peuvent montrer leur épée avec avec autant de fierté que si leurs ancêtres l'avaient reçue de Saint Louis, de François 1er, de Henri IV et de Louis XIV ; car ils ne veulent la consacrer désormais qu'à la légitimité, dont ils ont reçu la sanction ; hors l'accomplissement de ce devoir, il n'est pas d'éclat qui ne soit à jamais terni.

Dans les conseils, dans les assemblées et dans la magistrature, le mérite et la fermeté ont trouvé un autre genre de gloire ; l'homme d'État, pénétré de l'importance de ses devoirs, a com-

battu avec persévérance les passions ombrageu-
ses des tyrans, écarté ou adouci des mesures ca-
lamiteuses, sauvé des victimes et les débris de
leurs fortunes ; l'orateur courageux a foudroyé
les hérésies et les idoles dans les tribunes même
d'où la flatterie leur avait élevé des autels.
L'administrateur, fidèle aux principes tutélaires
de ses fonctions, a protégé, sous l'ingénieuse apparence d'une rigueur inflexible, les peuples ou
les contrées qu'il avait ordre de vexer pour punir de recommandables opinions ; enfin le ma-
gistrat, digne de l'ancienne austérité de ses
prédécesseurs, préférant aux grâces, les périls
de la justice, a triomphé de formidables desseins d'iniquité avec autant de calme que s'il
eût attendu de grands honneurs de sa fermeté
de conscience *.

---

* Je contrarie à l'excès mon penchant à célébrer
les grandes actions et leurs héros, en m'abstenant de
nommer le conseiller qui siégeait à la cour royale de
Paris, dans la séance où l'on proposa de signer une
adresse à Buonaparte, tout récemment arrivé de l'île
d'Elbe, qui délibéra pour que sa compagnie dît à cet
étranger que loin d'avoir encore la puissance de régner, il n'avait même plus l'espoir d'être citoyen Français ; il ouvrit le code où se trouve consacré cette

Qui donc refuserait un juste tribut à des services aussi périlleux, aussi salutaires ? Qui donc
envierait les titres dont sont décorés ces soutiens courageux de l'ordre et de l'humanité ?
Qui l'oserait, quand la reconnaissance publique
leur décerne des couronnes, et que tous les
gens de bien leur adressent des bénédictions ?

Il est vrai que toute la nouvelle noblesse n'a
pas à beaucoup près l'avantage de pouvoir citer
la cause de ses distinctions ; il n'est que trop
notoire que beaucoup d'hommes nouveaux se
sont élevés par les mêmes actions et les mêmes
moyens qui ont fait tomber dans l'avilissement
quelques gentilshommes anciens, ils n'en font
pas moins partie du corps de la noblesse, non
parce qu'ils ont été créés, mais parce qu'ils ont
été confirmés, et je prouve ce dernier point de
ma proposition par une déclaration que Buonaparte fit, en forme de loi, dans les *cent jours*,
portant abolition de la noblesse. De tous les

---

règle qu'il fortifia du serment que tous avaient
prêté au Roi ; mais ce nouveau *du Harlay* est élevé
à des fonctions et des dignités éminentes infiniment
au-dessus de mon hommage, que je ne veux pas
convertir en encens au pouvoir.

pouvoirs qu'il avait eu, il ne lui restait plus que celui de détruire son propre ouvrage; il anéantit l'ordre des ducs, des comtes, des barons et des chevaliers qu'il avait érigé en France, sans avoir eu lui-même aucun de ces titres.

Le Roi pouvait, sans donner matière à aucun murmure fondé, laisser subsister cette abolition *libérale*, quant à ceux qui avaient abjuré la Charte pour se rallier aux aventures de leur chef, et pour le reconnaître comme revêtu du pouvoir de porter des lois; le Monarque, plus généreux dans sa miséricorde que l'intrus dans sa reconnaissance, réhabilita les nobles déchus par des diplomes particuliers : il résulte de cette confirmation, que toute la noblesse française émane du trône; que par conséquent la nouvelle comme l'ancienne est, sous le rapport de sa création légitime, aussi pure que les lys.

Originaire, ou du moins adoptive de la couronne, possédant une grande partie des propriétés de la France, la nouvelle a le même intérêt que l'ancienne à rester fidèle à la légitimité, et le grand nombre en a aujourd'hui le sentiment et l'inclination, malgré quelqu'apparence contraire.

Pourquoi a-t-on vu des coteries et même des

masses dans les premiers temps de l'allégresse publique s'en irriter et marquer une exaltation opposée ? Peu de gens en ont saisi la cause, et, en général, on a cru que c'était l'effet de l'amour que l'on portait à l'homme qui avait enseveli plusieurs générations, augmenté prodigieusement la dette publique, spolié les hospices, et laissé tant de fois nos braves dans le péril de ses défaites.

Erreur : cet homme n'était déjà plus pour les militaires, comme pour nous, qu'un morceau de sanglante célébrité, dont ils se servaient pour se conserver un air foudroyant; c'était un esprit de guerre qui voulait survivre aux camps dévastés; c'était plus encore le dépit que ressentaient nos troupes de ce que les alliés qui les avaient vaincus, venaient de rendre à la France les princes dont elles avaient si long-temps combattu les droits; enfin, c'était individuellement la crainte de parler et d'agir contre le système de la confédération guerrière, qui, se croyant un peuple à part dans la France régénérée, voulait se signaler en frondant l'opinion publique à laquelle ils se croyaient en butte.

Mais l'honneur français ne périt jamais : il domine les ames dans les plus grands écarts de l'esprit, tant que la dépravation ne souille pas le délire : toujours l'honneur reprend son empire , quand la raison retrouve ses prérogatives : nos guerriers ne pouvaient donc long - temps s'isoler de nous : ils ont abjuré le prestige ou plutôt leur mot de ralliement, et bientôt, moins rapprochés entre eux, plus répandus dans les autres classes , chacun d'eux a suivi son propre jugement, et, dans sa paisible retraite, il est redevenu calme et Français. Grâce soit rendue à la paix! Les inclinations naturelles ont chassé les manies belliqueuses , sans éteindre la valeur nationale ; les dieux pénates ont repris leurs puissances et leurs charmes, et si les mœurs de famille offrent si peu de progrès, c'est que les systèmes politiques usurpent tout l'espace, c'est qu'au sein du choc universel , il est impossible de donner une direction aux germes des vertus privées.

Tandis que nos braves apprenaient à être heureux, ceux d'entre eux qui n'avaient connu que des comités de goûvernement, des directoires, des consulats, et pis encore , toutes dominations sorties de nos troubles et favorisées pour notre lassitude, firent connaissance avec leurs maîtres légitimes, avec les qualités royales, qui les distinguent dans l'histoire autant que les longs siècles de gloire qui couvrent leur antique berceau.

J'ai donc eu raison de dire que hors la fraction dépravée, toute la France est royaliste : j'aurais malheureusement grand tort d'affirmer que tous les royalistes s'entendent sur les moyens de conserver le trône légitime : il existe sur ce point une épouvantable divergence, des sujets de haines et de dissentions dont le dernier résultat serait une catastrophe, si l'intérêt général ne devenait pas un temple de réconciliation.

Des royalistes anciens et des royalistes nouveaux.

Les anciens royalistes sont ceux qui n'ont jamais contribué à la révolution par fidélité et par principes, ou qui ont abjuré la révolution du moment qu'elle est devenue hideuse, ou qui, dans les places qu'ils ont occupées, ont empêché le mal et toujours fait le bien : il y a constamment eu une sympathie invincible entre la trempe de leurs ames et la légitimité.

Les nouveaux royalistes sont les hommes qui ont suivi tous les torrens, et qui, épouvantés de leurs ravages, ont embrassé avec ardeur les moyens de calme qui ne peuvent subsister que dans la monarchie ; enfin ce sont les jeunes gens des diverses époques de l'interrègne, qui n'ont pu choisir d'opinion et qui se sont rangés sous les lys, à mesure que les nuages du passé se sont évanouis.

Dans les anciens et dans les nouveaux, nous comptons des sages et des dévoués : les anciens ont fait leurs preuves ; ceux des nouveaux qui ne sont pas montés à la brèche et qui peuvent, sans danger, déserter la communion, doivent des garanties à l'Etat, au peuple, à l'Europe.

Ce sont précisément ceux-là qui veulent prévaloir, et se faire des titres d'infaillibilité par des systèmes qui confirment les méfiances.

Ces systèmes, maintenant en litige, nous retracent exactement ceux qui divisèrent l'assemblée constituante, avec cette différence notable, qu'alors il y avait plusieurs institutions à défendre, et qu'aujourd'hui il n'en est plus qu'une à conserver, la monarchie.

Les constituans d'aujourd'hui prétendent que le seul moyen de conserver le trône, est de l'appuyer des idées libérales qui l'ont sappé jusque dans ses derniers fondemens en 1793.

Les royalistes éprouvés soutiennent que la liberté ne peut acquérir désormais d'extension sans rompre les rennes du gouvernement, et laisser uniquement dans les mains du Monarque des tronçons de puissance qui n'aboutiraient plus à aucune partie du corps social ; que la part du peuple ne peut s'accroître sans frapper d'une nullité mortelle le pouvoir qui doit maintenir le contre-poids et la régularité de l'action publique ; et qu'enfin vouloir restreindre davantage la part du souverain, c'est donner un étendard à l'esprit de résistance qui porte toujours le peuple à secouer le joug le moins pesant, plutôt encore que le joug le moins supportable, parce qu'il est dans tous les êtres de se débarasser d'un fil importun dont ils connaissent la fragilité, et qu'il n'est pas une sorte d'instinct qui n'avertisse de l'impuissance de briser des chaînes d'une proportion au-dessus de la force et du courage qu'elles sont destinées à dompter.

Il n'est pas difficile de comprendre la sagesse de cette argument ; il se trouvera confirmé, pour peu qu'on rapproche les causes de la licence de 1793, des symptômes de la licence dont on redoute le débordement.

Il ne faut avoir de droits ni de priviléges à regretter pour concevoir des craintes, et se ranger
du parti des royalistes qu'on appelle outrés : il
suffit de voir l'état des choses, pour se convaincre qu'ils n'entre-mêlent aucun intérêt de
caste à leur sollicitude sur les destinées de la
monarchie ; la couronne a fait à la liberté toutes
les concessions que pouvaient comporter stric-
tement les droits de chacun à cette prérogative
publique : y ajouter des conquêtes pour les sujets du Roi, ce serait anéantir le sceptre dans
les mains du monarque, et, comme au déclin
de 1792, diviser le peuple français en domina-
teurs et en esclaves.

Les royalistes qu'on appelle modérés, n'ont
pas le dessein de rompre l'équilibre ; beaucoup
d'entr'eux conviennent qu'ils s'étaient déjà trop
rapprochés de l'écueil où l'on vit périr le vais-
seau de l'Etat, sans moyen de salut, et au grand
désespoir des pilotes imprévoyans qui l'avaient
lancé dans cette fatale direction ; mais les opiniâtres sont aujourd'hui ce qu'étaient les enthousiastes de ce temps-là, et d'autant moins
portés à réfléchir sur le résultat de leur système,
qu'ils ont à leur insu des flatteurs et des boute-

feu dans les anarchistes déguisés, et trop habiles en matière de dissolutiou pour négliger les exagérations et les excès, pour ignorer que c'est souvent dans l'amour du bien qu'ils prennent naissance, que c'est dans les contradictions qu'ils reçoivent les élémens de l'explosion qu'ils en attendent.

Ne nous dissimulons pas que la monarchie, la liberté et les systèmes ne sont, pour un certain nombre de royalistes, vrais et faux, que des prétextes imposans pour déguiser l'amour du pouvoir et des places, les uns par la noble ambition d'obtenir la confiance du Roi et la considération du public, et les autres pour hâter une catastrophe et un changement, sur lequel ils ne sont pas d'accord à beaucoup près.

Ceux-ci (et ceux-là sont leur écho) supposent que les anciens royalistes ont perdu toute aptitude aux places, parce que depuis trente ans ils en sont exclus.

Les anciens royalistes prétendent que les nouveaux et les *masques*, ne peuvent occuper les places aujourd'hui, parce qu'ils les ont exclusivement remplies dans les temps de proscriptions et d'iniquités.

Ceux qui font résulter l'incapacité de la privation d'exercice réel, ne réfléchissent pas qu'ils offensent le Roi, qui, loin de nous, a été réduit pendant près de trente ans à la faculté de méditer sur l'art de régner, et sur le régime le plus convenable au peuple français ; ils ne réfléchissent pas non plus, que les excès et les bévues, dans lesquels nous sommes tombés dans l'interrègne, ont été pour les Rois des leçons de sagesse plus efficaces que l'exercice du pouvoir, et que les royalistes, pourvus, soit d'une grande instruction, soit d'une haute capacité, ont eu assez long-temps le même sujet d'étude sous les yeux et dans l'esprit pour acquérir les moyens d'être éminemment utiles. N'en avons nous pas des preuves éloquentes dans les écrivains et les orateurs qui, dans le cours de trois ans, ont énorgueilli la France éclairée, et étonné l'Europe prévenue ?

A Dieu ne plaise que je fasse aux royalistes modérés l'injustice de leur refuser de grands talens ! Ils ont parmi eux leurs *Malesherbes*, leurs *Rousseau* et leurs *Barnave* ; mais ne serait-ce pas un bien, un véritable moyen de salut, de modifier les effets de leur génie par les *Colbert*, les *Montesquieu* et les *Cazalès*, qui se font un point de probité de rester parmi les *outrés* ? Pour voir la vérité sortir sans nuages des discussions politiques, toujours abstraites, il faut qu'elle ait subi quelque balotage avec l'erreur, dans une lutte oratoire, ou dans une délibération terminée par l'évidence.

Les anciens royalistes ne joignent pas, comme un certain nombre des nouveaux, la pratique à la théorie ; mais cette pratique n'est-elle donc pas abrogée comme incompatible avec les principes et l'administration légitime de la loyauté et de l'honneur ?

A-t-on donc besoin de puiser des leçons dans la démagogie ou le despotisme, pour préparer les lois que réclament les lacunes, et que détermine la charte, pour diriger l'action publique sans froissement ni violence, pour établir la mesure des charges publiques sans excès ni insuffisance, pour faire céder les habitudes dangereuses aux mœurs nécessaires, et trouver enfin dans l'état actuel des choses, les canaux qui manquent à la circulation, et qui doivent promptement remplacer ceux qui furent brisés dans le fracas des réformes ?

Il y a concurrence entre les royalistes des

deux dénominations qui ont du génie, du mérite et des vertus : il ne me paraît pas possible d'exclure les uns en faveur des autres, sans frustrer l'État et le peuple, sans irriter les passions, les animosités, et sans produire des résultats désastreux.

Ne serait-il pas évidemment plus salutaire d'éteindre les rivalités et les jalousies dans une sorte d'amalgame qu'opérerait la participation commune aux affaires publiques ? Il me semble que par ce rapprochement, on mettrait les *ou-trés* et les *modérés* dans la confidence de leurs qualités et de leurs bonnes intentions respectives ; que, de proche en proche, l'estime remplacerait les méfiances, que l'harmonie des premiers rangs descendrait jusqu'aux dernières classes, et qu'alors les ennemis de l'ordre n'auraient plus d'intervalle pour arriver à quelque attentat.

J'entends dire de toute part, et à tout propos, que nous nous haïssons par amour pour la charte. Le sujet est imposant, mais les motifs sont pusillanimes, au moins d'un côté.

Les anciens possesseurs de fiefs ne pourraient renverser la charte, et recouvrer les droits dont elle confirme l'abolition, sans la puissante et sage volonté du Roi. Le trône, au contraire, peut être renversé, en triomphant de la volonté et de la puissance du monarque, ce qui ne pourrait arriver que contre le vœu des anciens royalistes, par l'imprudence et l'aveuglement des nouveaux, poussés aux excès par les révolutionnaires incorrigibles, qui ne se prosternent devant la monarchie et ses lois fondamentales, que pour les profaner davantage après avoir terrassé leurs complices, innocens d'intention, mais coupables d'un aveuglement volontaire.

Ainsi la peur des *modérés* est sans motif, la peur des *outrés* est pleine de consistance.

Pleine de consistance, parce que plus ceux-là s'éloignent des moyens conservateurs de ceux-ci, et plus ils se rapprochent des factieux, et les secondent.

Il les secondent d'une manière fatale, en dénigrant le parti le plus inviolablement fidèle au trône ; en donnant le sceptre royal aux idées libérales, certainement épuisées dans ce qu'elles peuvent avoir de compatible avec l'existence de la monarchie ; en se servant, dans le commencement du dix-neuvième siècle, pour consolider le trône, des mêmes moyens qui furent employés pour l'ébranler sur la fin du siècle précédent ; et comme alors le parti vainqueur serait vaincu par le parti actuellement en védette, qui contemple la similitude de la marche actuelle avec les degrés de dissolutions qui amenèrent enfin la ruine de toutes les institutions et le règne de toutes les atrocités. Oui, le parti des modérés serait vaincu et proscrit, s'il n'abjurait à temps opportun ses exagérations, ou si la prévoyance de l'autorité, avertie des mèmes périls par les mèmes présages, ne conjurait la nouvelle révolution et ses fléaux.

La plume tombe de mes doigts, frappés d'une mortelle débilité par l'idée des horribles sujets de consternation qui ajouteraient, aux deuils éternels de la France, de nouveaux deuils non moins durables !.... Fasse le Ciel que le nombre de la Sainte famille ne soit jamais augmenté au séjour de la béatitude éternelle, par des forfaits qui combleraient notre plus grande infortune, et redoubleraient l'horreur et l'effroi de la postérité !

Si la Providence, lasse de ses miséricordes, offensée de nous avoir visiblement avertis du déluge en 1814, et punis les deux années suivantes de notre endurcissement ; si la Provi-

dence, si hardiment méconnue, permettait encore une fois que les Français devinssent orphe-
lins, et que la France redevînt une caverne
de 1793, elle suggérerait aux puissances eu-
ropéennes les précautions nécessaires pour détruire le fléau et en garantir leurs Etats; mais
plus de balance à espérer de notre patrie mau-
dite, plus de Bourbons à respecter, plus de
loyauté héréditaire pour garantir la foi des traités; il ne resterait sur la terre gallicane que des
pervers à exterminer et des lâches à soumettre.

La victoire détruirait le refuge des brigands,
mais les conquêtes en absorberait l'espace : au
fantôme de féodalité qu'auraient fait redouter les
jongleurs, succéderait le joug du servage; vous,
cultivateurs, heureux et libres, vous travaille-
riez sans repos pour des maîtres étrangers, et
sous le bâton de rudes surveillans, qui vous
donneraient avec avarice les rebuts grossiers des
fruits de vos sueurs; vous, si avides de pouvoirs et d'indépendance, vous seriez impitoya-
blement attachés à la glèbe, et forcés de vous
prosterner devant l'intendant d'un vainqueur
subalterne; alors vous vous rappelleriez avec
désespoir que votre affreuse destinée serait pro-
venue de votre vanité à vouloir surpasser les

grands qui vous avaient offert l'égalité et la concurrence.

Rallions-nous aux intentions paternelles du Roi ; écartons de ses lèvres la coupe de Socrate , éclairons les efforts de ses ministres sur les points où l'imposture a placé ses pièges et ses ténèbres, dans l'épaisseur desquelles la sagesse elle-même peut errer. Royalistes anciens, soyez justes autant que vous êtes nobles ; royalistes modérés ou nouveaux, abjurez votre insatiable esprit d'exclusion ; hommes incapables , hommes encore douteux , renoncez aux places ; tous tant que vous êtes , pénétrez-vous de cette vérité, que nous ne pourrions rétrograder sans compromettre le royaume, que nous ne pourrions franchir la barrière qui sépare deux épouvantables écueils sans tomber dans un précipice fatal. Que chacun des partis oublie le passé , et qu'il veuille contribuer de bonne foi à la prospérité de l'avenir ; alors nous verrons renaître les beaux jours de notre splendeur , de l'agriculture, des arts et des mœurs, notre union relever notre valeur chevaleresque, et nous rendre au dehors cette considération si long-temps au premier ordre dans les cabinets et chez les peuples du monde.

Ou nous serons justes et sages, et alors nous resterons le premier et le peuple le plus libre du monde ; ou nous nous entre-déchirerons pour le triomphe de systèmes extravagans et de prétentions iniques; de cette extrémité, nous tomberons dans la dernière et la plus misérable de toutes les conditions humaines.

Pouvons-nous hésiter entre cette alternative, quand il est encore temps d'opter ? Il me semble voir tout le monde s'embrasser de frayeur et de joie, et tous les partis s'offrir le sacrifice de leurs exagérations.

Je crois avoir indiqué l'imminente nécessité d'arborer généralement l'olivier pour sauver la France, replacée sur le volcan de 1793, et près d'une décadence inouie.

Mais quelle ressource pourrai-je mettre aux pieds du Roi, pour subvenir aux charges extraordinaires dont nous sommes excédés ? Quel moyen pourrai-je soumettre aux ministres de Sa Majesté pour les délivrer de ce sage et pénible mystère qui dérobe au public le but de leur direction, et le mérite de leur anxiété ? J'ai osé traverser toutes les conjectures du peuple pour pénétrer les secrets des motifs d'État ; j'ai vu les ressorts de la puis-

sance agir dans le sens de la nécessité, et tout
en m'imposant une circonspection respectueuse,
j'ai reporté mon esprit à l'agriculture, et j'ai
songé à en représenter les trésors , pour
faire cesser la crise publique, les incertitudes
et le tourment des besoins particuliers.

Remarques.

Il existe parmi nous un foyer de corruption
que le pouvoir peut disperser en cendre , c'est
la considération prodiguée au riche le plus
accablé de douleur, de conscience ou de motifs
de remords ; c'est le mépris dont on couvre
l'indigent devenu misérable pour avoir ferme-
ment et toujours servi la cause sacrée ; que le
luxe du crime reste couvert d'opprobre loin
de l'autorité et des places, que la vertu et les
talens couverts de haillons brillent de la bien-
veillance du Roi et de leur utilité dans des
fonctions au moins nourricières , et l'on verra
bientôt ce que gagneront d'espace les mœurs à
cette sainte restauration.

Je sais que le Monarque ne peut connaître
directement de ces deux points de justice à la
fois redoutable et consolante ; je sais même que

les ministres qui recherchent avec sollicitude
les lumières nécessaires à l'équité, n'obtiennent très-souvent que des renseignemens com-
binés pour maintenir l'erreur favorable aux
coteries , , et presque toujours des calomnies
sur le petit nombre des écrivains courageux qui
ont tant de fois rallumé l'amour de la légitimité , et sur les sujets zélés qui l'ont propagé
dans le monde soit par des raisonnemens per-
suasifs, soit par d'ingénieuses comparaisons.

Le premier moyen de faire disparaître le
scandale des bizarres destinées de l'arrogant et
du juste, serait de ne plus admettre les amis
de l'un et les ennemis de l'autre à distribuer
les réputations au gré de leurs prédilections
et de leurs haines ; mais ils remplissent les
avenues !

INSTITUTION DE L'AGRICULTURE.

1° La science de l'agriculture est assez avancée et même assez complète en France pour produire d'immenses résultats : il ne s'agit que de la présenter dans sa simplicité naturelle, pour la mettre à portée de tous ceux qui s'en occupent directement, et par une pratique distribuée avec sagesse.

2° Le produit de cette novation peut former de prime abord le cinquième du produit connu ; dès la troisième année, il en dépassera du double la valeur, par les progrès qui, de la perfection à l'extension de l'agriculture, ouvriront de nouvelles sources de richesses.

3° Le cinquième et ensuite la moitié des revenus devenant inutiles à la consommation, alimenteraient prodigieusement une de nos plus sûres branches de commerce avec l'étranger, et dont le résultat en espèces serait égal au triple des contributions foncières actuelles ; d'où il suit que dès la première année la France pourrait se libérer avec le numéraire d'exportation , ou moyennant des compensations équivalentes qui nous laisseraient possesseurs de notre richesse monnaiée.

4° S'il est vrai que les fruits de l'agriculture appartiennent au cultivateur et ne peuvent enrichir l'Etat que du contingent à la charge de chaque contribuable, il est également vrai que la France n'est jamais en état de crise, sous le rapport des finances, que par la souffrance des recettes ; que, comblés de récoltes, les propriétaires acquitteront les charges avec ponctualité ; que la prospérité et l'aisance des particuliers augmentent dans la proportion la plus florissante, le mouvement du commerce, de l'industrie, le résultat des contributions indirectes, diminue la masse des secours, attache les sujets au trône, et fait acquérir au gouvernement d'imposans moyens de puissance.

5° Cette source de bonheur privé et d'accroissement politique, n'est plus une simple espérance ; les théories éprouvées et vérifiées par des résultats, sont maintenant résolues en axiomes.

6° Il ne s'agit pas, comme le croyent les gens simples ou prévenus, de proscrire les anciens

usages qui attestent les sages remarques de nos
pères, pour y substituer des méthodes désastreu-
sement contraires ; il suffit d'y ajouter des procédés reconnus fructueux et de nature à faire
réaliser toutes les promesses de la terre.

7° Il s'agit encore moins de bouleverser et
de dénaturer le sol par des surcroits de fatigues
et de dépenses qui épuisent et ruinent le cultivateur, comme l'ont fait certains novateurs, en
passant à côté des principes et des moyens de
la science. La perfection de l'art est de prendre
la nature telle qu'elle est, de lui confier à propos les germes et les racines pour la végétation
desquels elle est irrévocablement destinée ; c'est
d'assortir les arbres, les vignes et les prairies
artificielles, d'en augmenter les troupeaux et les
engrais ; c'est enfin de savoir se convaincre qu'il
n'est pas de terrain maudit.

Qui donnera simultanément sur tous les
points du royaume cette perfection et cette
extension à l'agriculture ?

C'est une *institution légale* très-simplement
organisée, aboutissant partout et communiquant
à toute l'agriculture ou du moins à ses ministres,
(qui sont les cultivateurs) les principes qui
doivent diriger et leurs travaux, et les expé-

riences qui en assurent la plus grande efficacité *.

---

* La science de l'agriculture est en honneur dans
l'esprit du Gouvernement; une division du ministère
dans les attributions duquel elle se trouve, est presque spécialement consacrée à la propager; mais ce
n'est pas là une institution, et c'est un écueil en ce
que le ministre ni ses adjoints ou ses collaborateurs ne
pouvant examiner le déluge de mémoires et de projets
qui se renouvelle journellement, sont obligés de confier cette tâche à des subalternes qui, mollement éten-
dus dans un fauteuil que ne dédaignerait par un Epi-
curien, indiquent par un signe d'impatience (à celui
qui leur propose un moyen de bonheur public),
qu'ils sont occupés d'un grand intérêt; l'ami de la
science, de l'humanité, le zélé patriote royaliste
remarque en effet, que Monseigneur le commis lit
dans le journal favori les merveilles d'une actrice, le
sort d'une bluette, et le voit ensuite passer à certaines
relations; par exemple, sur le carnaval de Venise, et
de-là épuiser toutes les rubriques pour finir juste au
moment ou quatre heures sonnent en France.

Je ne conclus pas du particulier au général; je
crois, au contraire, citer un exemple unique; mais
j'ai eu le malheur d'avoir une audience ou plutôt une
scène de pantomime dont je n'ai pas altérée le fonds :
ici je n'attaque que le personnage, et ne lui suppose
ni *pendant* ni *émules* dans les administrations.

Je lui sais gré de m'avoir donné l'idée de rassem-
bler tous les élémens, les principes et les méthodes

S'il pouvait arriver qu'on négligeât de donner une direction obligée et un point central à l'agriculture, pour mettre cette science en valeur sur toute la surface du royaume, elle traverserait les siècles futurs dans son état d'inutilité, et les travaux des sociétés savantes et respectables qui la cultivent ne sortiraient de leurs conceptions que pour être immédiatement plongés dans un oubli décourageant.

Mais la crainte d'une pareille inertie serait injurieuse et dénuée de toute vraisemblance. Il n'est pas un ministre qui perde jamais l'occasion de rendre des services signalés à sa patrie, de la sauver dans le péril, ou de hâter le recouvrement de sa splendeur et de sa puissance, surtout quand il s'agit, au lieu d'essais dispendieux et de succès incertains, de diriger une institution, dont l'organisation est en quelque sorte déjà coordonnée dans les autorités locales et leurs rapports, et d'ouvrir une source de ri-

pour en faire, avec le résultat de mes études et de mes succès, un corps de science, et de l'offrir au public par voie de souscription. De cette manière, je n'aurai pas besoin de degré éloigné pour me faire entendre du ministère, ou plutôt pour m'en fermer l'accès.

chesse aussi facile à réaliser que les valeurs d'un trésor dont on a la clef.

On aurait grand tort de supposer un obstacle à l'introduction des méthodes, dans l'opiniâtreté des routines; en général, les cultivateurs ont la volonté d'étendre leurs travaux et leurs récoltes; j'ai même la certitude que la majeure partie aspire à la pratique des novations, pour jouir d'une nouvelle prospérité, et de l'honneur de faire fleurir un art, au lieu de s'ensevelir dans un obscur métier.

Et quelles bornes pourrait avoir leur encouragement, quand aucune gerbe de leurs moissons n'est soustraite à leur espérance? Exempts de regrets à cet égard, n'ayant plus rien à démêler avec l'État, qui leur laisse tout ce que peuvent donner les champs, ils méditeront dans la plénitude de leurs facultés, sur les progrès qu'ils peuvent obtenir, laissant à part et la politique et ses systèmes.

Selon mes remarques, le jour où les habitans de la campagne cesseront de s'occuper des dissentions publiques, sera le signal du retour prochain des mœurs de nos pères; c'est dans l'aisance que les caractères reprennent leur douceur naturelle, que les affections de famille se

reproduisent avec leurs attraits et leur ascen-
dant, que le toit paternel recouvre ses enchan-
temens, et qu'enfin la justice privée redevient
un point d'honneur.

C'est alors que l'amour du travail domine
tous les autres penchans, et qu'il présente à la
jeunesse un avenir heureux. On quitte le pénible séjour où le lendemain ressemble toujours
à la veille ; on cherche des jouissances dans les
désordres, quand on n'en trouve aucune dans
des fatigues ingrates et monotones; mais les
enfans restent fidèlement les coopérateurs et les
gardiens de leurs dots qui s'augmentent annuellement ; ils veillent avec inquiétude sur la conservation de leur pureté, pour se ménager des
alliances que leur cœur et la raison leur font
ambitionner ; tout est pastoral chez un peuple
laborieux qui ne peut concevoir de bonheur
aussi parfait que le sien : la terre qu'il cultive
est dans ce monde la terre promise.

Et les huit millions de gens industrieux et
d'artisans, qu'espéreront-ils de l'institution de
l'agriculture et de ses bienfaits ?

Les quatre millions d'ouvriers, disséminés
dans les campagnes, ne seront jamais désœu-
vrés ; leurs salaires augmenteront de l'augmen-

tation des récoltes, le prix des denrées de première nécessité diminuera en proportion ; les gens de métiers, qui sont allé chercher de l'ouvrage, qu'ils n'obtiennent pas dans les villes, retourneront dans les hameaux où la consommation s'accroîtra progressivement *.

---

* Tout le monde sait que la culture et l'éducation des arbres entre essentiellement dans l'agriculture ; mais en général on ignore combien cette branche offre de moyens pour le commerce, combien plus encore elle prescrit et comporte de variétés et d'observations, notamment dans l'art de choisir pour les champs et pour l'ordre les routes, les essences qui favorisent la prospérité des moissons au lieu de leur être contraire, comme de fréquentes bévues en donnent des exemples.

A propos de bévues, je ne puis passer sous silence celle d'un homme d'une certaine célébrité dans son ordre.

Frappé et presque affligé de voir le jardin du Palais-Royal présenter l'aspect de l'hiver dans l'une des saisons les plus riantes de l'année, j'avais conçu le dessein de donner aux arbres (qui y languissent et se dépouillent d'une manière si anticipée) des rameaux d'une vigueur extraordinaire et leur conserver une belle fraîcheur jusqu'au terme le plus reculé de l'automne. Je fis connaître mon vœu à Monseigneur le duc d'Orléans, qui daigna l'accueillir, me demander mes moyens, m'offrir ensuite une audience pour en conférer, et des ouvriers pour l'application de mes procédés.

D'après une réflexion dont j'ignore le moteur et le but, S. A. S. (quelques jours après) me désigna M. Fontaine comme devant coopérer à l'œuvre ; je m'empressai d'aller voir cet architecte pour m'entendre avec lui suivant l'intention du prince. Il avait entre les mains les principes et les méthodes que j'avais rédigés : ces méthodes, à la portée de tout le monde, étaient puisées dans la nature des causes : elles consistaient principalement à donner aux arbres de ce jardin public, l'équivalent de l'air libre dont ils sont privés, et remplacé uniquement par l'élément le plus meurtrier (le calorique) qui exerce sur cette plantation une double action, par le reflet du mur à la surface du terrain *et vice versâ*, qui occasionne un excès d'absorption, et de déperdition d'humidité provenant tout à la fois du sol et des arbres, d'où résultent un prompt épuisement et la chute simultanée des feuilles, précisément dans la saison où elles seraient le plus nécessaires pour ombrager agréablement cette promenade brûlante.

J'avais choisi et proposé pour remédier à ce désordre, l'interposition d'un corps étranger entre le sol et le séjour de ce carolique : il aurait prévenu l'évaporation de la terre qu'il devait couvrir au pied de l'arbre, en aurait perpétuellement entretenu la fraîcheur sans le secours des arrosemens pour fournir à la grande ascension et transpiration de la sève ; par cet expédient d'une efficacité physiquement évidente, la position de ces arbres qui leur est si funeste dans

l'etat des choses, serait devenue une cause de prospérité.

M. Fontaine, qui était d'avance plus disposé à faire
avorter mon plan, qu'à réfuter mes raisons, le con-
damna sans en donner aucun motif, sinon qu'il ré-
prouva l'humidité pour accorder à l'air tous les
moyens de végétation. Cependant, après avoir mis
ainsi les arbres au régime des moellons, il adopta et
consacra une partie de mon ordonnance, en faisant
appliquer à chaque pied d'arbre du fumier recouvert
d'une légère couche de terre : cette modification ne
produira d'autre effet sensible que l'infection de l'eau
qui croupit sur la substance putréfiée qu'il a choisie
et qui s'associe merveilleusement au méphitique du
local.

MODE DE CULTURE,

PARTICULIÈREMENT PROPRE AUX ENVIRONS DE PARIS.

QUOIQUE les mêmes principes en général doivent s'appliquer à toute espèce de végétaux que l'on cultive dans la banlieue, je me borne ici au seul intérêt des plantes ligneuses et des céréales, pour entrer plus directement dans mon sujet.

Je viens de me convaincre pour la millième fois, qu'il est aussi facile d'approprier à chaque sol les productions qui lui conviennent, que de déterminer le mode de culture le plus efficace sous le rapport de la qualité et de l'abondance des moissons, ainsi que de la perpétuité des vertus végétales.

Je me garderai bien de donner pour exemple indistinctement, et pour point de comparaison générale, la culture mignone des environs de Paris, c'est au contraire une exception qu'il faut

5

traiter spécialement. Je ferai remarquer d'abord que ce terrain, qui est regardé comme mauvais par ceux qui le cultivent, n'est ainsi classé que parce qu'ils en ignorent les qualités, et n'en retirent pas à beaucoup près ce qu'ils devraient en obtenir.

Aussi les surchargent-ils de fumier et de terreau, en telle quantité, que le terrain le plus aride du globe, qui recevrait aussi long-temps une aussi excessive provision d'engrais, produirait enfin, sans le secours de cet auxiliaire, les plus belles récoltes de la terre.

Je suis cependant fort loin de condamner ce moyen abondant et facile pour la banlieue, lequel ne coûte pour ainsi dire que la peine du transport; mais je souhaiterais que le cultivateur connût assez l'essence et la capacité du sol pour le faire fructifier d'autant au-delà de l'engrais : tel est le but de ce dernier chapitre.

Je veux aussi démontrer qu'il n'est pas toujours nécessaire de cultiver dans un pays quelconque, pour reconnaître, à la simple inspection des lieux, le vice d'une culture mal entendue et mal traitée, ainsi que pour appliquer partout le taux d'amélioration que chaque espèce de terre peut comporter.

J'ai simplement questionné différens cultivateurs labourant, pour savoir, indépendamment de ma conviction acquise, combien leurs champs pourraient donner de récoltes avant de tomber dans un état complet de stérilité, quoiqu'abondamment et régulièrement fumé chaque année. Tous m'ont unanimement répondu qu'il fallait les renouveler, même les meilleurs, au moins tous les trois ou quatre ans, en leur faisant porter des fourrages quelconques.

Il est difficile de concevoir, et beaucoup plus absurde de dire, qu'une terre de quelque nature qu'elle soit, recevant la culture qui lui convient, fumée beaucoup avant de lui rien confier, et bien appropriée aux productions qu'on en espère, s'épuise et devienne périodiquement un espèce de *caput mortuum*.

Voulant m'expliquer ce phénomène par les principes, j'ai fait ouvrir le fonds à plusieurs endroits, jusqu'à un pied et demi de profondeur, tant dans le voisinage d'Arcueil, que sur d'autres points environnans ; j'ai toujours reconnu la même essence, à cette différence près, que celle de la superficie qui est frappée et pénétrée par l'air, est beaucoup plus noire par l'effet du carbone que contient cet élément, et qu'elle se trouve infiniment plus amendée par les fumiers, qui produiraient plutôt un désordre qu'une bonne collaboration, s'il n'était associé à d'autres principes de nature à en corriger et modifier les effets, tels que les parties savonneuses, provenues de la dissolution insensible du chaume et du gazon des prairies artificielles que l'on renverse pour les défricher : les rosées et l'air y contribuent aussi, mais dans une proportion insuffisante. Les années de stérilité qui surviennent à certaines périodes où il faut cesser de semer des céréales pour y substituer des fourrages, le démontrent, puisqu'alors il y a autant d'air et de rosées qu'auparavant, que l'on continue d'y prodiguer le fumier, et que cependant ces terres n'en sont pas moins rebelles.

Je dois faire observer, pour ne pas confondre les effets des fumiers différens, que celui dont on fait usage pour la banlieue, leur serait contraire sans correctifs, par les sels et la grande chaleur qu'il apporte à ces terres, qui en sont grandement pourvues de leur propre nature : tandis que les fumiers gras, composés en majeure partie de celui des bêtes à cornes, qui a suffisamment fermenté en tas, produirait des effets merveilleux sans aucune autre espèce d'addition.

Ne pouvant pas faire usage de ce moyen pour communiquer ces mêmes vertus au fumier qu'on emploie aux environs de Paris, j'indiquerai du moins le meilleur parti à en tirer , et tout au long, (dans l'ouvrage que je publierai) pour les terres qu'il est destiné (par les cultivateurs) à féconder.

Qu'on veuille bien remarquer que, tant que la substance savonneuse fournie en grande partie par le chaume et le gazon n'est pas épuisée , les récoltes sont belles ; que l'effet contraire a lieu aussitôt que cette substance nutritive vient à manquer (la seule chose qui tienne lieu d'humidité dans l'état de la culture actuelle.) Cette terre cesse totalement d'être féconde ; mais elle n'est qu'asphyxiée.

Il n'en est pas ainsi quand l'été est pluvieux ; dans ce cas la végétation est au contraire très-belle et très-rapide ; il n'est pas d'exemple que les productions de la banlieue ayent été endommagées par des pluies continuelles ; elles prospèrent même de la cause qui partout ailleurs , et sans exception des terrains sablonneux , fait périr les moissons, sinon totalement , au moins en partie.

En recherchant les causes de cette prospérité

véritablement déplorable, c'est trouver celle du dépérissement des mêmes productions dans les années ordinaires.

Malheur à qui ne cultive son champ que pour les années d'accidens et de fléau ! il n'est comblé que quand tout le monde est dans la consternation !

C'est néanmoins ce que font, mais bien innocemment, les cultivateurs de la banlieue.

Je vais examiner leur mode de culture, après avoir défini la nature du terrain auquel ils l'appliquent; par-là, je serai naturellement et directement conduit au vice de cette culture et aux moyens très-simples de la rectifier.

La terre des environs de Paris est calcaire.

Elle ne contient par conséquent que des parties qui exigent une grande quantité d'eau et qui la laissent facilement échapper : il faut donc trouver des moyens équivalens contraires, pour conserver à cette terre une égale et continuelle fécondité, puisque, d'une part, on ne peut l'imbiber à volonté et que, de l'autre, elle ne peut naturellement conserver des pluies qu'elle reçoit, la portion d'humidité qui peut rigoureusement lui suffire.

Au lieu de corriger la nature par l'art, les cultivateurs des environs de Paris la secondent par l'insuffisance de leurs travaux ; ils n'enfoncent la charrue qu'à deux ou trois pouces de la superficie : telle est la légère surface qu'ils opposent à la subtilité de l'air et à la soif des chaleurs qui ont bientôt tari la totalité du liquide renfermé d'abord dans les sillons. Que l'on ajoute à cette consommation , l'avidité de la végétation à dévorer les substances savonneuses, alors on aura saisi la double cause , et de la maigreur des moissons dans les temps prospères, et de la stérilité périodique de cette terre, (quelque soit la quantité de fumier qu'on lui fournisse) aux époques ou la puissance végétale s'endort dépuisement et de lassitude.

Encore bien que la raison en soit évidente , et que tout le monde puisse concevoir qu'en divisant et dispersant la petite quantité de substance savonneuse , qui remplace l'humidité, dans une plus spacieuse abondance de terre , cette substance reste moins à portée des élémens qui l'aspirent , et se trouve en grande partie sous la sauve-garde de l'espace dans les parcelles qu'elle habite.

Cette évidence n'empêchera pas qu'on ne reproduise l'objection qui m'a toujours été faite, que si l'on ne se bornait pas à effleurer la terre, elle ne produirait rien : c'est ainsi que l'on défend vaguement l'erreur par l'abus qu'elle a produit ; moi je vais réfuter l'objection par une méthode qui présente sous l'éclat de la vérité, et ses avantages particuliers et tous les motifs de la préférence qu'elle doit obtenir.

Je répète ici qu'on ne peut donner de l'eau à volonté dans la culture en grand , mais que l'on peut, soit pour les terres labourables des environs de Paris ou tout autre lieu, en prolonger aussi long-temps qu'il est nécessaire les merveilleux effets. Si je vérifie cette proposition par le développement concis du système que je veux faire prévaloir , j'aurai démontré la nécessité de l'adopter et d'abjurer tout usage contraire.

Quant à l'efficacité de l'eau, qui ne sait pas qu'elle seule contient tous les principes de la végétation? D'habiles chimistes nous ont convaincus que les plantes parvenues à leur entier développement dans des vases suffisamment pourvus de ce liquide ont donné les mêmes résultats que les plantes cultivées à la manière ordinaire.

Je conviens qu'il est aussi démontré par les accidens qu'autant que l'eau est puissante pour créer, quand son influence est restreinte à ses bienfaits, autant elle produit de désordres, lorsque son excès d'abondance dépasse trop et trop long-temps les vues de la nature; ainsi périssent la majeure partie des végétaux que l'eau submerge opiniâtrement, au lieu de les alimenter avec sagesse.

Mais on ne peut craindre cette prodigalité meurtrière pour les environs de Paris; il est au contraire besoin de la conserver avec autant d'inquiétude et de précaution que la température régulière en est avare, et que la nature des terrains met de complaisance à s'en dépouiller.

Quant à la conservation des effets de l'eau, on vient déjà d'en apercevoir les moyens : je vais les disserter laconiquement pour les prouver et les mettre à portée de tous les esprits.

Pour faire d'amples réservoirs à la terre des environs de Paris, il faut, avant l'hiver, par un labour préparatoire, ouvrir de profonds sillons;

en en renversant progressivement chaque année une plus grande quantité du fond à la superficie : plus la terre sera profondément remuée sans en aplanir la surface et plus un grand nombre de ses molécules se gonfleront par l'humidité, par les gelées et les météores qui la pénétreront successivement. Après l'hiver, cette terre pourvue du principe qui lui est si nécessaire lors de la végétation, le conservera long-temps et plus long-temps encore si l'on a la précaution de ne lui donner, pour les semences du printemps, que des plantes qui, par la promptitude naturelle de leur développement, l'ombragent avant quelle puisse être dépouillée par l'ardeur des saisons suivantes de l'humidité qu'elle a reçue auparavant.

Les plantations assez espacées pour ne pas nuire aux travaux de la culture sont de puissans auxiliaires. Leur ombrage, variant selon la marche du soleil, reste toujours opposé aux rayons de l'astre, et ménage à la terre une fraîcheur qui économise le plus indispensable de ses besoins, l'humidité. Après avoir payé ce premier tribut à son terrain nourricier, l'arbre se dépouille et lui rend une partie des libéralités qu'il en a reçues, mais on ne peut être trop scrupuleux sur le choix des essences *.

Il en est d'ingrates et d'impies qui endommagent et sont aussi funestes par leur ombrage, que d'autres sont bienfaisans par le même office.

Les routes offrent des exemples assez sensibles des différences que je viens d'indiquer, pour servir de guide à tout le monde. L'espèce d'arbre qui, aux avantages d'égalité et même de supériorité, quant aux prix et à l'usage dont ils sont, joint la qualité propre à favoriser le plus la végétation des céréales que l'on cultive sur le même sol, établit de soi-même ses droits à toute préférence.

Je crois avoir évidemment établi les deux points essentiels de ce chapitre, savoir la cause prise de la culture actuelle, qui altère les moissons et produit fréquemment la stérilité, qui m'ont fait remarquer mes interlocuteurs, et la cause prise dans le mode que je propose,

---

* J'indiquerai dans un ouvrage complet que je me propose de publier, les différentes plantes herbassées et ligneuses qui conviennent le mieux à chacune des diverses espèces de terrains.

et dont résulterait plus d'abondance, et la perpétuité de la vertu de ces terres.

Je ne dois cependant pas omettre de noter
que l'expérience a dû prolonger l'erreur des
cultivateurs et le vice de leur culture. Il est
probable qu'ils ont autrefois essayé un mode
différent, mais qu'ils ont négligé les conditions
qu'exigent la nature des terres, que, s'en étant
trouvés frustrés, ils se sont enfin fixés à leur
manière actuelle, et ils ont eu raison de s'en
tenir à la moins mauvaise, ne pouvant deviner
la meilleure.

Ils ont raison en ce que la petite quantité
des parties savonneuses, déjà trop restreintes
pour les deux ou trois pouces qu'elles occupent
deviendront trop rares pour rien produire dans
le volume qu'offre la capacité du fonds, ou du
moins qu'augmenterait suffisamment une plus
profonde culture.

Mais ils ont tort de croire que dans cette
dernière hypothèse, la partie savonneuse fît seule
l'office de l'humidité; elle ne conserverait au
contraire qu'une faible concurrence, si l'eau
que la terre reçoit des pluies, des rosées, etc.,
y était entretenue autant et aussi long-temps

qu'elle lui est nécessaire, et l'affirmative est tel-
lement établie, que toute persévérance contraire deviendrait plutôt l'effet du dépit que
d'un aveuglement involontaire; mais j'ajoute ici
qu'il ne s'agit pas d'augmenter la profondeur
des sillons usités, qu'il faut encore prendre la
précaution, comme je l'ai déjà dit, de couvrir
la surface par une végétation qui précède les
premières chaleurs; de-là résulte, 1° l'affran-
chissement de semer surabondamment, comme
on le pratique pour obtenir l'abri que je propose *; 2° l'économie de la semence, dont
l'excès, comme on le sait, est toujours nuisible
dans un bon terrain tel, quoiqu'on en pense,
que celui des environs de la capitale.

Veut-on joindre l'exemple au précepte? Qu'on
aille examiner les travaux des jardiniers qui cultivent le même sol que les laboureurs, et l'on
verra qu'ils ne craignent pas de plonger la bê-

---

* Je n'ai pas besoin de recommander de conti-
nuer chaque deux ou trois ans suivant l'usage, la culture d'hiver, dans une même terre préparée, de
longue et abritée autant que faire se peut par des
plantations.

che fort avant dans le fonds ; qu'on leur de‑
mande s'ils possèdent d'autres secrets pour ob‑
tenir dans la même année jusqu'à cinq à six ré‑
coltes, que de *labourer, engraisser, arroser*,
et souvent *employer les abris* pour conserver,
les effets de l'arrosement : ils vous répondront
que c'est en cela que consiste toute leur science.

Dans la culture en grand, on peut faire usage
des deux premiers moyens ; le troisième, *l'ar‑
rosement*, est impossible ; mais il peut être rem‑
placé avec succès par le quatrième, la *végéta‑
tion* des céréales et des plantes ligneuses, qui
produit les mêmes résultats en prolongeant l'in‑
fluence des pluies et des rosées.

Les terres employées à la culture en grand,
qui ont été fouillées par ce travail dans toutes
leurs parties, contenant en très-grande quan‑
tité les principes les meilleurs et les plus ac‑
complis, produiraient étonnemment, sans don‑
ner jamais aucun indice d'épuisement, si l'on
favorisait simplement la provision d'humidité
nécessaire qu'elles reçoivent annuellement, et
si l'on prévenait à propos la perte des substan‑
ces qui doivent si merveilleusement concourir
au mécanisme de la végétation, et en entrete‑

nant la quantité convenable des parties savonneuses que produisent les substances animales
et végétales. Si enfin l'art de l'agriculture et la
prévoyance des cultivateurs les portaient à appliquer à cette culture en grand, l'équivalent
des procédés si heureusement employés par les
jardiniers.

Ces équivalens, je les ai suffisamment déter-
minés, pour que chacun puisse en prendre une
juste idée, et s'en aider pour la prospérité de
ses travaux.